TOR
RE
DE
PA
PEL

ANDRÉ LOBO

TORRE DE PAPEL

EDITORA
Labrador

Copyright © 2023 de André Lobo
Todos os direitos desta edição reservados à Editora Labrador.

Coordenação editorial
Pamela Oliveira

Preparação de texto
Júlia Nejelschi

Assistência editorial
Leticia Oliveira

Revisão
Lívia Lisbôa

Projeto gráfico, diagramação e capa
Amanda Chagas

Imagens de capa
MidJourney

Dados Internacionais de Catalogação na Publicação (CIP)
Jéssica de Oliveira Molinari - CRB-8/9852

Lobo, André
  Torre de Papel / André Lobo. — São Paulo : Labrador, 2023.
  80 p.

ISBN 978-65-5625-325-1

1. Ficção brasileira I. Título

23-1859   CDD B869

Índices para catálogo sistemático:
1. Literatura brasileira

Editora Labrador
Diretor editorial: Daniel Pinsky
Rua Dr. José Elias, 520 — Alto da Lapa
05083-030 — São Paulo/SP
+55 (11) 3641-7446
contato@editoralabrador.com.br
www.editoralabrador.com.br
facebook.com/editoralabrador
instagram.com/editoralabrador

A reprodução de qualquer parte desta obra é ilegal e configura uma apropriação indevida dos direitos intelectuais e patrimoniais do autor. A Editora não é responsável pelo conteúdo deste livro. Esta é uma obra de ficção. Qualquer semelhança com nomes, pessoas, fatos ou situações da vida real será mera coincidência.

*Agradeço a Deus e à minha mãe,
Maria Adriana Machado Lobo e Silva.*

Sumário

Parte I - Ontem ─────────── 9

Capítulo Um – Mais do mesmo ─────── 11

Capítulo Dois – João Cofrinho ─────── 19

Capítulo Três – Amor, ordem
e progresso ─────────────── 23

Capítulo Quatro – Direito ─────── 29

Capítulo Cinco – Honestidade dura ─── 37

Parte II - Amanhã ─────────── 41

Capítulo Seis – Quando um artista
fala de ciência ──────────── 43

Capítulo Sete – Prova? ────────── 49

Capítulo Oito – Sul ──────────── 55

Capítulo Nove – Relatividade total ─── 63

Parte III - Hoje ─────────── 69

Capítulo Dez – Agora ─────────── 71

Capítulo Onze – Carta de dedicatória ── 75

Capítulo Doze – Torre de papel ────── 77

Parte I
Ontem

There must be some kind of way out of here - said the joker to the thief. There's too much confusion, I can't get no relief.

Bob Dylan — "All Along the Watchtower".

Deve haver algum jeito
de sair daqui –
disse o coringa para o ladrão.
Há muita confusão, eu não
consigo ter nenhum alívio.

Bob Dylan — "All Along the Watchtower".

Capítulo Um
Mais do mesmo

Oito bilhões de pessoas no planeta Terra. Se fôssemos fazer um cálculo conservador, e digamos que cada pessoa tenha em média 25 anos, 8 bilhões vezes 25 são 200 bilhões de anos de experiência humana acumulada, em um único momento do século XXI. É sabido que um ser humano sozinho é relativamente ignorante, mas, tantas pessoas juntas, mentalidade de colmeia, séculos e milênios de conhecimento e tecnologia acumulada, será que não conseguiríamos construir um mundo melhor?

O cérebro é como um prisma no qual passa a luz da Consciência. Historiadores do futuro perguntarão, e provavelmente, irão ponderar: tinham valores e virtudes virtuais, admiravam os exploradores, ostentadores e inescrupulosos.

No ano 2000 da era comum havia algum otimismo sobre a nova "era" que estava por começar. 2001 já demonstrou que as coisas não iam tão bem assim no nível global. Mais de cem gerações desde a época de Sócrates e ainda não aprendemos que somos uma só humanidade interdependente. Continuamos a falhar em implantar uma evolução de consciência que veja o Universo de modo holístico, permanecemos equivocadamente desperdiçando recursos, que poderiam ser usados em prol de todos, para fim belicosos.

Na Pré-história, há algumas milhares de gerações, nossos antepassados foram acometidos da ideia do verbo *ser* e conjugaram-no no passado, no futuro e no presente, o que foi, o que há de ser e o que é. Devem de ter ficado deslumbrados com o poder das conjugações do verbo *ser*.

Minha cidade natal foi fundada após um mercenário receber o pagamento equivalente a alguns milhares de pares de orelhas cortadas de quilombolas mortos, há mais de 250 anos.

Queremos nos libertar da mentalidade do "nós contra eles". Todos somos nós. Há apenas ideias mais ou menos equivocadas que podem, sim, causar mais ou menos mal.

Muito se discute atualmente sobre os problemas fundamentais da humanidade, ou nem tão fundamentais assim, por exemplo, "se devemos ou não comer ovos".

Pode-se dizer que passei algum tempo obcecado pelo tempo. E fiz de tudo para mitigar meus equívocos.

Guardem esse pensamento por alguns capítulos, destemidos leitores e leitoras.

Não é nossa pretensão sermos imperiosos. Reflitamos juntos. Eis nossas mais recentes meditações. São apenas sugestões e especulações para o deleite de tão destemidos leitores e leitoras. Nossa intenção é dialogar convosco e, quem sabe, inspirar-vos.

Pensamos que não deveríamos "viver" no passado. Havemos de fazer as pazes com ele. Tampouco podemos desconsiderá-lo como se os mortos não fizessem parte de nós. Mas superar o passado nos parece necessário.

Nem todas as convenções compensam passar sem questionamento. Talvez nenhuma convenção deva passar sem ser questionada. Questiono-me se a convenção de se chamar a carga de elétron de "negativa" e a do próton de "positiva" não teria sido um equívoco que possamos repensar e, talvez, rever o posicionamento desses nomes. Argumentamos que seria mais adequado chamarmos a carga do elétron de positiva, uma vez que é ela que se move, e a carga dos prótons de negativa, uma vez que eles são mais pesados e "afundam" nos núcleos quase que "imóveis" perante a mobilidade muito mais ágil das nuvens dos elétrons.

As coisas que parecem mais óbvias exigem muita reflexão.

O amor é um caminho a ser percorrido.

Alguns dizem que, se o Universo for infinito, havemos de encontrar cópias de nós mesmos em algum outro lugar do Cosmos. Pensamos que essa conta está equivocada. Cada momento e cada milímetro do Universo é completamente diferente e único. O número de Graham deve ficar pequeno perto das possibilidades de arranjo no espaço-tempo do Cosmos de um metro cúbico de matéria. Outros ainda dizem que o infinito não passa de um truque matemático, irreal na natureza. Mostrem-nos o final do número π (pi) ou da raiz quadrada de 2 e concordaremos convosco.

Um buraco negro é como uma máquina de conversão de passado em futuro, uma espécie de espelho que obriga o tempo a conjugar-se no futuro mais-que-imperfeito. Nesses objetos nossa percepção de energia-massa e espaço-tempo são invertidos. Às vezes eu acho que deveríamos mudar o nome "buraco negro" para "estrela escura", a palavra buraco causa uma confusão danada. A questão é que buraco negro é um termo que descreve bem apenas o que está ocorrendo no horizonte de eventos. Além desse horizonte, um buraco negro é como um buraco de minhoca (de novo, péssima terminologia), significando que é como um link para outro espaço-tempo. No centro do buraco negro, o que se chama singularidade, é o Big Bang de um novo universo, o que alguns chamam de buraco branco.

Vista do lado de fora, a luz em um buraco negro "afunda" para o futuro.

Nem todos eles devem ser "férteis", isto é, capazes de criar e sustentar um novo universo do lado de dentro, talvez essa seja uma propriedade particular dos buracos negros realmente massivos e colossais, os menores e menos massivos devem ser "inférteis", incapazes de sustentar um novo Universo do lado de dentro.

Se chamarmos nosso universo de Eon A, inferimos que ele seja um buraco negro, se visto a partir do ponto do universo que o originou, isto é, o Eon Z. Se pudéssemos acelerar além da velocidade da luz, rasgaríamos o tecido do nosso espaço-tempo do Eon A, e algum observador do Eon Z nos veria saindo de dentro de um buraco negro, talvez desses que ficam no centro de grandes galáxias. E se entrássemos em um buraco negro do nosso Eon A, entraríamos nos Eons B. Será que, continuando por esse processo, ou seja, entrar em um buraco negro do Eon B seria o mesmo que adentrar os Eons C e, continuamente, chegaríamos a sair de novo nos Eons Z ou A? Como um ciclo finito de universos interconectados? Nenhum desses universos teria uma velocidade estável de radiação diferente e um parâmetro de zero, no gradiente de temperatura, distinto dos nossos? Isso não implicaria um novo modelo padrão e novas tabelas periódicas? Talvez para equacionarmos a criação de um buraco negro precisemos multiplicar a área do horizonte de eventos, a massa aparente do objeto e o tempo futuro do universo (10 e+120 anos).

Não devemos esperar que alienígenas tenham concebido conceitos como espaço, tempo, energia, massa, carga, força, eletromagnetismo, radiação, temperatura etc. É possível falar de tudo, até mesmo geometria, sem mencionar nenhuma dessas grandezas.

Por que será que existe algo ao invés de não existir nada? Talvez porque infinito vezes nada seja algo, alguma coisa, qualquer coisa. Não importa se é 1 ou 2, todos são iguais em sua relação com o nada e o todo.

Capítulo Dois
João Cofrinho

Mas que rude eu sou, ainda nem me apresentei. Sou um cara escrevendo um livro sobre um cara que está escrevendo um livro. Metalinguagem, metafísica, o povo gosta.

Vamos falar um pouco de economia. Criemos um personagem, protagonista desta nossa escrita. Mas não um mero e mortal economista qualquer, um economista renomado e premiado, preferencialmente que tenha sido laureado com um Nobel. Desses que pensam em resolver os problemas do mundo. Será que existem economistas assim? Devem existir, e, se não existem, deveriam existir.

Não entendo nada de economia, mas não nos desesperemos, não há expectativa de haver de fato um Nobel de economia escondido por entre nossas entrelinhas. Precisamos nomear nosso laureado economista. Chamá-lo-emos

João Cofrinho. Nascido no Brasil e formado em Harvard. "Mas por que em Harvard?" Não se faz necessário ser diplomado por Harvard ou ter parentesco com Marie Curie?

Como exatamente um economista poderia salvar o mundo? À propósito, quem, em sã consciência, haveria de pensar uma coisa dessas? Tamanha megalomania...

Todos nós, não é mesmo? Todos nós gostaríamos de, a nosso modo, colocar nossas digitais no plano que pensamos ser o melhor em nos guiar em direção a um futuro próspero e bom. Confessem aqui, caríssimos e mui amados leitores e leitoras, se, em algum momento da vida – infância, adolescência, vida adulta, terceira idade, outras encarnações, o que for –, em algum ponto, vocês também já se pegaram pensando: "o mundo até que seria melhor se fosse mais assim ou assado, se as pessoas fossem mais isso ou menos aquilo". A verdadeira revolução é interna. Sejamos nós a mudança que queremos ver no mundo.

João Cofrinho inventou uma nova teoria econômico-social. Juntou dados de 65 anos de estatísticas de 198 países do mundo. Tantos gráficos como jamais se vira na face da Terra continham suas teses. Encontrara enfim o caminho do meio, em que a "honestidade dura" finalmente era capaz, segundo ele, de diminuir drasticamente a desigualdade social e, por consequência, praticamente acabar com guerras, fome e os maiores esquemas escandalosos de corrupção. Simplesmente pelo fato de que, em seu teorema, aplicara-se a "honestidade dura". A ideia era muito simples: se as pessoas forem honestas, a economia cresce e prospera. Ganha-se tempo e poupa-se energia, as verdadeiras moedas de troca do constructo da realidade. Quão inovadora! Quão modesta e quão suprema ideia, ó, João Cofrinho! Parabéns ao nosso economista!

Capítulo Três
Amor, ordem e progresso

Se vivermos demasiado no passado, ficamos deprimidos. Se vivermos demasiado no futuro, ficamos ansiosos. O segredo está no agora, que fora chamado pelos antigos, mui acertadamente, de "presente".

Não nos enganemos em achar que todas as respostas já foram encontradas. Nem mesmo todas as perguntas foram feitas. Nossas linguagens são extremamente limitadas, perto das possibilidades do Cosmos.

Não há dúvida de que há confusão nestas páginas. Nos responsabilizamos pela confusão. Somos confusos, mas não somos caóticos. Queremos fazer o melhor que pudermos em auxílio das futuras gerações. Não que isso seja grande coisa também.

Uma consciência existe sem sentidos, haja vista que, se perdêssemos todos os sentidos físicos, não experienciaríamos o "fim" da consciência, apenas uma consciência que se encontra no vazio de sentidos. Mesmo sem pensar, ainda assim, é possível existir.

Esse trem de narração esquisita chamada "fluxo de consciência", atribuída à escritora Virginia Woolf, ou a alguém menos importante, essa contribuição à literatura popular consiste em escrever o mais próximo possível da maneira que a gente realmente pensa. Então deveriam chamar isso de realismo, alguém há de discordar.

É óbvio que uma criança nascida e criada por um grupo de pessoas e familiares neofascistas terá grandes problemas em enfrentar a questão da bestialidade de seus progenitores, a fim de se libertar de tamanha arapuca. Talvez não tenhamos como garantir, em absoluto, que outros como aqueles que não ousamos dizer o nome, causadores das dores do mundo no século XX, não venham a existir nas próximas gerações. Mas podemos garantir que não haja mais armas nucleares no mundo, não?

Percebamos que os conceitos de certo e errado dependem de nossos imperativos categóricos de bem e mal. Se você quer ir ao banheiro, é mau ir à cozinha. Se você quer ir à cozinha, é mau ir ao banheiro.

A razão do século XVIII não evitou que uma mentalidade imperialista permeasse todos os séculos que o sucederam. Nem mesmo os avanços científicos do século XX foram capazes de evitar a eclosão de novos confrontos militares com armas de destruição em massa.

Uma filosofia que não considere as realizações do espírito de seu tempo parece-nos absurda, assim como uma ciência despreocupada com qualquer noção filosófica, de valor, ética ou moral, que transforme doutores que seriam salvadores de vidas em assassinos desalmados.

Assim como na estória bíblica da Torre de Babel, toda nossa filosofia, nosso senso de justiça, se empilha como uma torre de papel, na qual cada um adiciona seu papelzinho, uma ideia, um aforismo, um capítulo, um parágrafo, uma sentença ou uma palavra. Tentamos alcançar os céus, juntando palavras a palavras, de papelzinho em papelzinho, até atingirmos esse épico monumento. Acontece que não falamos a mesma língua, muita confusão entre algumas estruturas hierárquicas de valores e virtudes, nossa empreitada, nestes termos, está fadada ao fracasso.

Não é o mundo que precisa ser salvo, somos nós, a humanidade, que precisamos evitar nossa própria destruição.

Somos parte de um pequeno grupo que pensa que a bandeira do Brasil deveria ter os ditos que foram originalmente pensados para ela: "Amor, ordem e progresso". Amor antes de mais nada.

Meus queridos, não nos desviemos, falávamos de nosso personagem economista premiado. Nesse ramo de salvar o mundo não seria melhor que fosse um editor de livros? Melhor ainda, uma editora! Nossa editora vai se chamar Andreia! Se os livros mudam as pessoas e as pessoas mudam o mundo, Andreia é quem os edita.

Andreia queria ser desenhista, ginasta, artista. Formou-se em astronomia. Virou editora. Como eu: cursei comunicação, virei escritor, e queria ser músico.

Quando criança, Andreia treinou ginástica olímpica, chegou a ir às Olimpíadas, mas quebrou o joelho em um movimento em falso, no cavalo. Era menina. Alguém tinha colocado algo em sua sapatilha.

Ela tinha a graça esquisita de uma borboleta ainda não desacostumada de ser lagarta. Talvez não soubesse que conseguia voar. Em uma dessas conversas de início de namoro apaixonado, ela e o namorado discutiram por quais apelidos carinhosos se tratariam, caso viessem a se tornar um casal vitalício. Ela chamou-o "ladrão", aquele que rouba seus pensamentos. Ele passou a chamá-la de Coringa, porque sempre lhe surpreendia. Ela tinha a pele de um neném e a sabedoria de uma feiticeira, tinha 25 anos na aparência e 250 quando falava. Era delicada, feminina e perfumada. Sempre linda.

Queria escrever um livro honesto e verdadeiro. Fá-lo-ei metalinguisticamente. Quem nunca teve ansiedade, quem nunca teve nenhum vício, aquele que vive sempre inequivocamente merece ser chamado de sábio. Não parece ser o nosso caso.

Capítulo Quatro
Direito

A história do direito nos conta da tábua de argila da antiga Suméria onde as leis eram escritas — Código de Hamurabi, leis de Moisés, ética grega, moral romana, leis islâmicas, Magna Carta do século XIII, as declarações da Revolução Francesa e da Independência dos Estados Unidos da América. Nenhum desses aboliu a escravidão. Demoramos 4 mil anos; foi só em 1948, depois das grandes guerras do século XX, que, finalmente, foi escrita uma Declaração Universal dos Direitos Humanos. A influência das tradições teológicas é evidente:

> Os seres humanos nascem livres e são iguais em direitos.
>
> A finalidade de toda associação política é a conservação dos direitos naturais e imprescritíveis da humanidade.

A liberdade consiste em poder fazer tudo que não prejudique o próximo.

A lei não proíbe senão as ações nocivas à sociedade.

Todos os cidadãos têm o direito de concorrer, pessoalmente ou por mandatários, para a sua formação. Ela deve ser a mesma para todos, seja para proteger, seja para punir. Todos os cidadãos são iguais a seus olhos e igualmente admissíveis a todas as dignidades, lugares e empregos públicos, segundo sua capacidade e sem outra distinção que não seja a das suas virtudes e dos seus talentos.

Todo acusado é considerado inocente até ser declarado culpado.

Ninguém pode ser molestado por suas opiniões, incluindo opiniões religiosas, desde que sua manifestação não perturbe a ordem pública.

Quem respeita tais leis é considerado justo no mundo que se diz "civilizado". Quem as desrespeita, injusto. O bom juiz é aquele que aplica a justiça; o mau, a injustiça. Quarenta anos depois era promulgada no Brasil a Constituição Cidadã, sob assembleia constituinte presidida pelo doutor Ulisses Guimarães:

> A República Federativa do Brasil, formada pela união indissolúvel dos Estados e Municípios e do Distrito Federal, constitui-se em Estado Democrático de Direito e tem como fundamentos: a soberania; a cidadania; a dignidade da pessoa humana; os valores sociais do trabalho e da livre iniciativa; o pluralismo político.
>
> Todo o poder emana do povo, que o exerce por meio de representantes eleitos ou diretamente, nos termos da Constituição.
>
> Constituem objetivos fundamentais da República Federativa do Brasil: construir uma sociedade livre, justa e solidária; garantir o desenvolvimento nacional; erradicar a pobreza e a marginalização e reduzir as desigualdades

sociais e regionais; promover o bem de todos, sem preconceitos de origem, raça, sexo, cor, idade e quaisquer outras formas de discriminação.

Todos são iguais perante a lei, sem distinção de qualquer natureza, garantindo-se aos brasileiros e aos estrangeiros residentes no país a inviolabilidade do direito à vida, à liberdade, à igualdade, à segurança e à propriedade, nos termos seguintes: homens e mulheres são iguais em direitos e obrigações, nos termos da Constituição; ninguém será obrigado a fazer ou deixar de fazer alguma coisa senão em virtude de lei.

Ninguém será submetido à tortura nem a tratamento desumano ou degradante; é livre a manifestação do pensamento, sendo vedado o anonimato; é inviolável a liberdade de consciência e de crença, sendo assegurado o livre exercício dos cultos religiosos e garantida, na forma da lei, a proteção aos locais de culto e a suas liturgias.

Ninguém será privado de direitos por motivo de crença religiosa ou de convicção filosófica ou política, salvo se as invocar para eximir-se de obrigação legal a todos imposta e recusar-se a cumprir prestação alternativa, fixada em lei; é livre a expressão da atividade intelectual, artística, científica e de comunicação, independentemente de censura ou licença.

É livre o exercício de qualquer trabalho, ofício ou profissão, atendidas as qualificações profissionais que a lei estabelecer; é livre a locomoção no território nacional em tempo de paz, podendo qualquer pessoa, nos termos da lei, nele entrar, permanecer ou dele sair com seus bens; todos podem reunir-se pacificamente, sem armas, em locais abertos ao público, independentemente de autorização, desde que não frustrem outra reunião anteriormente convocada para o mesmo local, sendo apenas exigido prévio aviso à autoridade competente; a criação de associações e, na forma da lei, de cooperativas independe de autorização, sendo vedada a interferência estatal em seu funcionamento.

Aos autores pertence o direito exclusivo de utilização, publicação ou reprodução de suas obras, transmissível aos herdeiros pelo tempo que a lei fixar.

Os tratados e convenções internacionais sobre direitos humanos que forem aprovados, em cada Casa do Congresso Nacional, em dois turnos, por três quintos dos votos dos respectivos membros, serão equivalentes às emendas constitucionais.

O Brasil se submete à jurisdição de Tribunal Penal Internacional a cuja criação tenha manifestado adesão.

São direitos sociais a educação, a saúde, a alimentação, o trabalho, a moradia, o transporte, o lazer, a segurança, a previdência social, a proteção à maternidade e à infância, a assistência aos desamparados, na forma da Constituição.

Todo brasileiro em situação de vulnerabilidade social terá direito a uma renda básica familiar, garantida pelo poder público em programa permanente de transferência de renda, cujas normas e requisitos de acesso serão determinados em lei, observada a legislação fiscal e orçamentária.

Algumas destas linhas ainda nos parecem utopias após tantos anos.

Capítulo Cinco
Honestidade dura

Dizem que João Cofrinho, certa vez, conheceu um mendigo que era chamado de Profeta da Gentileza. Propôs ao indigente que trocassem de posição por um dia. Gentileza passaria um final de semana na casa de João Cofrinho e seria tratado por "Guru dos Faria Limers". Ele, João Cofrinho, passaria o final de semana debaixo da ponte, no ponto em que o profeta costumava dormir.

Alguns alegam que fora tal experiência que fizera com que João Cofrinho tivesse a tão nobre e destemida ideia de que as pessoas poderiam ser honestas, só pra variar, e que isso faria bem para a economia.

João tinha um bandido entre seus entes queridos. Como proceder nesta situação? Cada caso é um caso, não é mesmo? Não nos iludamos pensando que todas as situações e circunstâncias possíveis já foram previstas por leis, sempre haverá situações novas e circunstâncias imprevistas.

Honestidade, quanto mais você dá, mais você tem. Seria o tempo como o amor e a honestidade?

Escolhamos um momento histórico qualquer dentre os milênios da existência da humanidade e pensemos em alguém dizendo: "Imaginem um mundo sem escravizados!". Tal pessoa poderia ser chamada de maluca até meados do século XIX. Se dissesse: "Imaginem um mundo em que as mulheres tenham os mesmos direitos políticos dos homens", loucura, em qualquer momento anterior ao século XX. E se falasse: "Imaginem um mundo no qual os políticos, bancos e fóruns são honestos, justos e bondosos!", insanidade no século XXI, talvez seja um fato em dois ou três séculos, no futuro. Leonardo da Vinci desenhou e projetou máquinas voadoras quatrocentos anos antes que a construção tecnológica delas fosse possível. Loucura? Ou seria visão?!

As crianças costumam perceber as mentiras e incoerências dos adultos. Parece que são programadas para honestidade e amor. Não existe algum tipo de equilíbrio entre um estado social que provê para os pobres e uma economia de livre mercado? É tão louco pensar nisso no século XXI? Alguns podem dizer que estamos muito atrasados em resolver isso.

Amor na prática é ética. Ética na prática é moral. Moral na prática é liberdade. Liberdade na prática é igualdade. Igualdade na prática é justiça.

Que possamos observar o andar dos gatos e o desabrochar das flores, pois não há mais sabedoria nas obras dos grandes mestres do que nos mais simples processos naturais.

Parte II
Amanhã

No reason to get excited, the thief kindly spoke.
There are many here among us, who feel that life is but a joke.

Bob Dylan – "All Along the Watchtower".

Não há razão para ficar agitado,
o ladrão carinhosamente falou.
Existem muitos entre nós que pensam
que a vida é apenas uma piada.

Bob Dylan — "All Along the Watchtower".

Capítulo Seis

Quando um artista fala de ciência

Com tantos especialistas e especialidades, atualmente, me pergunto se há propósito em tentar ver o quadro todo. Às vezes duvido de mim mesmo.

Os gregos da Antiguidade diziam que, quando os primeiros povoamentos maiores surgiram, algum guerreiro tomava as rédeas da liderança do grupo quando acometidos por desavenças internas, no estilo infantil do tipo "não gostou, pega eu". Perceberam, pois, que não podiam deixar uma única pessoa tomar decisões sobre tudo e todos de modo desmedido e concluíram sabiamente que os anciãos deveriam formar um conselho, a fim de auxiliar as atividades de governança. Depois, para que houvesse uma representatividade de parcela maior da população nas decisões de governo, resolveram votar nos senadores. Passaram de um governo tirano para um governo de aristocratas e comerciantes. Os políticos, congressistas e parlamentares da atualidade ainda atuam nesses moldes, vislumbrados milênios atrás. Governam para a própria classe, para lobistas, quase nunca para o povo. Quantas gerações com investimento sério em educação serão necessárias até que se formem políticos melhores? Cadê a sociedade humanitária, cooperativista e democrática? Temos ou não temos o tal do livre-arbítrio?

Todos os nossos parâmetros, inclusive numéricos, dependem de nossas convenções. Para um observador que se encontrar em um aglomerado de galáxias muito distante, que se move com a velocidade e momento mais distinto possível de Laniakea, em uma galáxia com formato e aceleração totalmente diferentes do que conhecemos, em um sistema estelar tão distante de nosso espectro observacional, em um planeta que se mova de modo mais antagônico possível ao momento da Terra, pois bem, um observador nesse planeta teria seus parâmetros de quantidade de carga positiva e negativa que se estabilizam em relação ao espectro eletromagnético e, consequentemente, esse observador irá inferir massas distintas das que inferimos aqui, da Terra, para os mesmos objetos. Talvez essa seja apenas uma curiosa bobagem.

O tempo não corre sempre na razão de um segundo por vez. Conforme passa na história evolutiva do universo, o tempo corre em razões distintas em cada ponto do espaço e em cada momento do próprio tempo.

Gravidade nos parece um campo quântico do passado, presente e futuro. Quanto maior a gravidade, mais atração em direção ao futuro, porém mais lentamente o tempo passa, quanto menor a gravidade, menos o espaço-tempo é curvado e mais rápido o tempo corre. A gravidade é como um ímã que atrai o futuro e repele o passado.

Um objeto com temperatura zero Kelvin não está se movendo, todo o Universo está se movendo ao seu redor e fazendo com que ele tenha o estranho comportamento de um condensado de Bose-Einstein.

Talvez o espaço não esteja em expansão, quem sabe não somos nós que estejamos encolhendo.

O índice de refração nos informa como a luz desacelera quando muda de um meio menos denso para um meio mais denso, por exemplo, do ar para a água, ou da água para o vidro. Isso é o mesmo que dizer que o tempo passa mais devagar em meios mais densos, como se, ao olharmos um lápis dentro de um copo com água, víssemos um deslocamento espaçotemporal: a parte do lápis que está imersa na água está de fato no passado, em relação à parte do lápis que está acima do líquido.

Um fóton de luz demora alguns minutos para viajar do Sol até a Terra. Isso, do nosso ponto de vista. Da perspectiva do fóton, a viagem é instantânea, ou melhor, virtual e praticamente eterna. É como se o fóton se esticasse do sol aos planetas, funcionando como sustentáculo da emergência da realidade como nós a experienciamos.

Um átomo de hidrogênio é um nêutron que engoliu 15 minutos de tempo.

O Universo como um todo funciona como uma partícula quântica, existindo em sobreposições temporais de espaços do passado e do futuro, que sempre dão um presente.

O fato de o núcleo da Terra girar feito um bambolê pode ser indicativo de que o universo como um todo gire, talvez gire mais rápido do que a velocidade da luz, talvez tenhamos colidido com outro universo e nossa singularidade passada passou a ser uma singularidade circular.

O tempo é, na verdade, no mínimo, dois tempos. Um tempo que é medido pela frequência de eventos, como os ponteiros de um relógio (quantas voltas o ponteiro dos segundos dá até que o ponteiro dos minutos inteire uma volta) ou quantas voltas a Terra dá em torno do Sol, em comparação a quantas radiações alfa um átomo de um elemento emite. E existe outro tempo, que é aquele que corre, que vai do passado para o futuro, um tempo que engloba os outros tempos, um tempo acima do tempo das frequências.

Que o tempo tem mais de uma dimensão já é sabido desde que os franceses perceberam que um aroma pode nos levar diretamente para um evento no passado.

Como os fótons não têm massa e viajam na velocidade da luz, nos acostumamos a dizer que eles não experienciam o tempo. De fato, o tempo para os fótons é de uma dimensão muito distinta do tempo para nós (seres com massa e viajando a velocidades não relativísticas), mas isso não significa que não haja nenhuma dimensão temporal para a radiação. O tempo nos parece harmônico, raios gama e ondas de rádio talvez não sejam distintos apenas em energia e comprimento, mas também, em estados harmônico-temporais.

Capítulo Sete
Prova?

Se a ciência provasse que a consciência morre com o corpo, ou se a ciência provasse que ela é imortal, pouco mudaria. Provavelmente terão uma resposta do tipo "a consciência não morre com o corpo, mas nada indica que ela continue imortal e eternamente". Caso a consciência morra, então a vida é ainda mais preciosa do que se pensava, e, caso não morra, então devemos tratar a vida com o máximo de importância, já que teremos de nos reaver com nossos atos na consciência pós-vida.

E se a ciência provasse que o Universo está tinindo de vida inteligente, sapiente, ou se provasse que somos os únicos seres que sabem que sabem em todo o Universo, também não mudaria muita coisa.

Podemos argumentar que somos ainda muito mais especiais do que se supunha, tanto pela ótica de estamos sós no Cosmo, como pela perspectiva de que não estamos sozinhos. Se somos só nós, somos especiais porque somos únicos, se não formos só nós, somos especiais porque somos distintamente únicos em relação ao que mais possa haver. Mesmo se fôssemos visitados por extraterrestres e eles nos dissessem que acreditam em Deus, alguns diriam que esta seria a prova cabal da existência do divino, enquanto outros diriam se tratar da prova cabal do delírio universal.

Há um experimento mental bastante conhecido que consiste em imaginar que seria possível fazer um transplante cerebral. A pessoa que receberia um cérebro transplantado continuaria ela mesma ou a personalidade do falecido que doou o cérebro é que ganharia um novo corpo? E mais, supondo que pudéssemos transplantar apenas um hemisfério cerebral, nesse caso, o que ocorre com a consciência do cérebro que recebeu meio hemisfério de um doador? Continuando esse exercício de imaginação, no qual poderíamos transplantar um cérebro composto por um hemisfério de um doador, um córtex frontal de outro, o bulbo de um terceiro, o cerebelo de um quarto; nesse caso, de quem é a consciência que habita o corpo que recebeu o cérebro Frankenstein quebra-cabeça transplantado?

Meu pai fez uma cirurgia de coração. Não um transplante, apenas uma cirurgia. Podemos afirmar que sua personalidade mudou ligeiramente. Um homem que, durante cinquenta anos preferiu cerveja, agora só bebia vinho. Alguém que nunca havia reclamado de frio passou a se cobrir com a menor das brisas. Seu apetite por carne, que sempre fora voraz, agora era substituído por um enorme prazer por frutas frescas.

Imaginemos, enfim, que a ciência torne possível o rejuvenescimento ou o "não envelhecimento" das células. As pessoas passariam a escolher em que momento deixariam de ser jovens, envelheceriam e morreriam. Nesse caso, nos deparamos com o paradigma da aposentadoria. Se um professor com mais de 80 anos não se aposentar e continuar trabalhando até os 100, estaria tomando o lugar de algum jovem de 30 anos que terá de esperar para essa vaga de emprego até os 50.

No caso do não envelhecimento, seria ainda mais drástica a situação. Teríamos pessoas com 200, 300 ou 400 anos se recusando a envelhecer e morrer, impedindo assim que novas pessoas nascessem.

Já disseram os antigos: "à luz deste fato de que todo conhecimento e todo trabalho visam a algum bem". Ou seja, os serviços que prestamos à comunidade são como flechas de um arqueiro que tendem ao alvo do Bem. O problema é que o alvo do Bem não fica à nossa vista, ele se esconde por detrás dos arbustos e labirintos da ética e da moral.

Alguém pagaria para ouvir uma orquestra de músicos descompassados valendo-se de instrumentos desafinados? E por que pagam salários de políticos cujas performances estão completamente em desarmonia com a ética comunitária?

Certa feita, tentaram comprar Andreia, ou melhor, um dos manuscritos originais que havia recebido de um autor. Disseram-lhe:

— Se o seu escritor quiser entrar no nosso clube ou no nosso partido, publicaremos o texto dele e faremos um extraordinário marketing promocional. Caso contrário, que passe bem.

E assim Andreia não pôde publicar o autor de que mais gostou.

Andreia gostava de Chico, de Jorge; o ritmo, a harmonia e a melodia pareciam-lhe relativizar o tempo vivido. Como era vanguardista, bebia muita água, tomava uns goles de café, dava uns tragos e engolia vitamina C.

Não, não, não, não. Não está bom. Melhor escrever outra coisa.

Capítulo Oito
Sul

Às vezes elas brigam, como irmãs que são, a matemática e a poesia. Mas, logo em seguida, estão em paz novamente.

Entendemos que o sentido da vida é a "busca". Essa busca é muito mais interna do que externa, a busca pela melhor versão humana de cada um de nós.

O que nos preocupa não é a "inteligência artificial", mas o mau uso de ferramentas muito poderosas em mãos que carregam a estupidez natural, como já dito. A inteligência artificial lida melhor com o caos do que nós.

Estamos no hemisfério sul do mundo. Estamos na América do Sul, África, sul da Ásia e as ilhas do Pacífico Sul. Somos todos uma só grande família planetária. Aqui, o Sol está sempre brilhando e os furacões giram ao contrário.

Lembrem-se de nós.

O que de fato tem valor, em uma sociedade, senão as pessoas que a compõem? Pessoas com seus potenciais e sonhos, é o que temos de maior valor em uma comunidade. No século XXII olharão para nós, aqui do século XXI, com tanto desgosto quanto olhamos hoje para nossos antepassados que viveram no século XIX, em meio à escravidão legalizada.

Sobre meritocracia e QI – digo, "quem indica" (do inglês, *network*) –, tendo a repetir as palavras de Darcy Ribeiro: "fracassei, mas odiaria estar no lugar de quem venceu".

Assistimos às desgraças pela tela do celular. As novas gerações parecem já nascer com um certo senso social. Haverão de ser intolerantes com a precificação da vida alheia. Cobrarão mais coerência, mais verdade e mais humanismo das instituições, das convenções e das atitudes sociais em comum.

O século XXI tem seus próprios dilemas e paradoxos. Não investimos em educação e esperamos que as pessoas tenham um comportamento ético e técnico. As escolas não estão mais formando cidadãos, se antes formavam.

Existem infinitas maneiras de ensinar, cultivar, humanizar as crianças.

Parece que ainda estamos na fase de Caim e Abel, somos irmãos vendo o outro como oponente.

Nenhum bálsamo funciona melhor para a alma do que ter a possibilidade, o poder de ajudar os outros.

Bancos e corporações, desculpem-nos, mas alguém tem de vos dizer: "estão a fazer um mau trabalho. Será que não poderiam oferecer mais ajuda à parcela mais necessitada da humanidade? Sabemos que, em matéria de ganhar dinheiro, vós sois os maiorais. Queremos saber agora, de coração! Tendes coração, não?!". Cada qual é responsável por mudar o próprio coração.

Criam dinheiro, comprando adiantado o tempo futuro da produtividade humana. Em termos econômicos, só existem o tempo e a confiança das pessoas. Quando alguém se endivida, podemos fazer uma analogia como se esse alguém tivesse vendido adiantado parte de seu tempo futuro. O que são juros, senão uma taxação para a passagem do tempo? Sentimos que temos cada vez menos tempo, como se estivéssemos sempre atrasados. Quando uma nação se endivida a juros, coloca seu povo em atraso temporal.

Diz-se no mundo atual que "trabalhando bastante, se consegue qualquer coisa". Pensamos que isso não é exatamente verdade: vemos muitos lixeiros, pedreiros, agricultores e outros profissionais trabalharem tanto quanto certos doutores – ou, por que não, até mesmo muito mais – e nunca conseguirem sequer adquirir a casa própria. Devido ao consumo de primários, pagam, proporcionalmente, mais impostos e não recebem o prometido no contrato social, isto é, acesso às condições de educação, saúde, moradia, alimentação, segurança e vestimenta.

Nossos modelos escolares são empresariais e industriais, precisamos de um ensino que forme seres humanos mais plenos, e não peças da engrenagem financeira para serem manipulados pelos mais privilegiados. Por que ainda existe armamento nuclear no planeta? Não teria nenhum investimento melhor? Por que é que uma hora da vida de uma pessoa vale mais do que uma hora da vida de outra? Enquanto alguns ganham dezenas de milhares em uma única hora, outros ganham alguns centavos, trabalhando muito mais.

Algumas centenas de pessoas que têm mais dinheiro e recursos do que muitas nações juntas... preguiça até de comentar.

Não queremos ser ricos se alguém tiver de ser miserável, queremos poder compartilhar o que temos. Não queremos ter poder quando outros não têm voz, queremos poder ajudar as pessoas, é isso que nos traz felicidade: compartilhar e ajudar. Precisamos mudar nosso foco de uma perspectiva monetária para uma humanitária, ou, melhor ainda, para uma cosmológica.

Temos os dispositivos eleitorais dos votos brancos e nulos, mas a legislação parece ignorá-los. Se a maior parte do povo votasse nulo ou em branco, em uma eleição, a mensagem parece muitíssimo clara: "não queremos nenhum desses candidatos". Nesse caso, seriam convocadas novas eleições e os partidos teriam um período para organizarem eleições internas e aparecerem, perante as novas eleições, com candidatos "frescos". Mas não é assim que interpreta a legislação brasileira. Diz ela que, se 99% das pessoas votarem em branco, e apenas a própria família do candidato votar nele, ele será eleito, pois teria 100% dos "votos válidos", interpretando que os votos brancos e nulos são inválidos. Ensaiamos lucidez.

Antigamente os líderes iam para o front, atualmente se escondem atrás de mesas redondas, protegidos por seguranças, mandando outros fazerem o serviço sujo por eles. É esse o tipo de liderança que pretendeis seguir?

Certifiquemo-nos de não correr atrás do "ouro dos tolos".

Para terminar este capítulo, dar-vos-ei uma de minhas interpretações do romance *O idiota*, de Dostoiévski. Caso você desconheça esse texto e tenha pretensão de lê-lo futuramente, peço que pule para o próximo capítulo, a fim de evitar os spoilers que estão por vir.

Dostoiévski nos coloca, nesse romance, nos sapatos de Maria Madalena. O príncipe Míchkin não morre no final, como era de se esperar, mas sobrevive à morte de sua amada. Interpretamos que o autor quis dizer que há algo ainda pior do que ser crucificado e morto. Permanecer vivo e impotente, assistindo à morte e à destruição daqueles que amamos, há de ser ainda pior.

A vela que temos no coração deve permanecer sempre acesa, qual sinal de vida. Mas não acesa de fogo, acesa de água, queimando água. Se a água que queima no coração de alguém estivesse para ser apagada, bastaria outro alguém se aproximar e encostar sua vela que ainda está "pegando água" no pavio da vela do coração que está secando. Assim, a vela que vacila em apagar se reacende com a mais límpida água da fonte da vida.

Falar é fácil, mas fazer é outra história.

Capítulo Nove
Relatividade total

Nos aprofundemos um pouco na questão do agora. Primeiro, vamos fazer de conta que concordamos que exista um momento chamado "agora". Poderíamos argumentar que o agora no qual nos encontramos vai de um raio tridimensional de cerca de 10 elevado a 10 quilômetros (para além disso é o passado em relação ao agora) até o espaço quântico de cerca de 10 elevado a menos 10 metros (distâncias menores que estão no futuro em relação ao agora). Essa área, esse volume espacial dinâmico, chamamos de crônion, unidade mínima do agora. É como se, em cada sistema estelar da galáxia, existisse um agora. No nosso sistema solar temos o nosso agora, e o sistema Alpha Centauri tem outro agora. Esses "agoras" estão emaranhados, como o passado, o presente e o futuro também estão emaranhados. O universo existe, como um todo, em um único momento, que forma um grande agora composto por vários pequenos crônions sobrepostos e emaranhados. Quais seriam as propriedades intrínsecas de cada um desses "agoras", crônions?

Imaginemos dois superaglomerados de galáxias como Laniakea, posicionados de maneira espelhada. Cada um deles tem um centro gravitacional distinto, isto é, um futuro distinto. Se alguém tentasse manipular a equação gravitacional de Einstein, pensando adicionar dimensões temporais nas matrizes, talvez cada ponto dos tensores métricos seja uma equação ou função de onda. De um lado dessa equação deveria caber toda energia e toda matéria física, do outro lado, por sua vez, deveria haver a transmutação de energia em espaço-tempo.

Jiddu Krishnamurti nos ensinou que não saber a solução para um problema é não tê-lo entendido verdadeiramente, pois a resposta está intrinsecamente ligada ao problema em si. Querer quantizar a gravidade é querer quantizar o tempo em si, e o tempo não pode ser quantizado sozinho, sem nenhuma relação com espaço e energia; apenas relativizado, em associação com as propriedades dos observadores.

Massa é como inércia: aceleração e gravidade podem ser equivalentes.

Se deixei de levar algo em consideração foi por ignorância, nunca por arrogância.

Imagine se pudéssemos ver o mundo sob a ótica de alguém que vê o tempo passar na razão de dez mil anos a cada décimo de segundo. Veríamos que as formações de cadeias de montanhas como o Himalaia são como ondas líquidas de um oceano, e a água do nosso oceano pareceria gasosa, para nós. Perceba que até mesmo o estado da matéria depende de nossa percepção temporal: gás, líquido e sólido só existem em relação a uma razão temporal específica. Talvez se mudássemos suficientemente a razão de passagem do tempo veríamos a equivalência entre os quarks e as galáxias. Do ponto de vista de uma formiga, somos nós que estamos em câmera lenta.

O tempo nos parece totalmente relativo. Não apenas estrita, especial ou geralmente, mas totalmente relativo. Talvez as cargas temporais dos objetos e eventos sejam análogas às suas cargas eletromagnéticas. Atingir o zero Kelvin de temperatura altera a passagem do tempo.

É como se, ao avançarmos no tempo, estivéssemos "comendo" partículas do futuro e excretando partículas do passado.

O Universo é aquele nascido de si mesmo, aquele que não tem começo, meio e nem fim, é a inteligência suprema, a criação que nunca para. Que nome que se dá para algo assim? Para o Cosmos, o tempo não existe mesmo, ou melhor, passado, presente e futuro existem ao mesmo tempo, haja visto que ele é eterno. Isso não significa que não tenhamos nossos graus de liberdade e não possamos fazer escolhas e controlar nossas vontades; somos cocriadores probabilísticos da realidade e do futuro.

Nossos corpos têm três dimensões espaciais, mas nossas consciências são constituídas das dimensões temporais. Seriam, ao menos, duas dimensões do tempo. Diríamos uma dimensão do tempo *fermiônico* e uma do tempo *bosônico*? Se tivermos uma dimensão do tempo que corresponda a três dimensões espaciais do passado, o mesmo se aplica ao futuro. E, com mais uma dimensão temporal do presente, totalizaríamos onze dimensões espaçotemporais (se tivermos uma dimensão temporal, ela corresponde a 3 dimensões espaciais; se tivermos duas dimensões temporais, elas correspondem a 9 dimensões espaciais, isto é, 3 ao quadrado).

Buracos negros são mais frios do que o espaço sideral e, ainda assim, evaporam.

Tachyons são como "monges que colhem mangas hoje com as pedras que eles só lançarão amanhã".

Talvez a melhor maneira de pensar no tempo seja lembrar da geometria das conchas, dos caracóis e dos brócolis, em que o futuro seria o ponto da singularidade e o passado, sua versão espiral. Não é que a parte de trás do caracol seja um espiral de comprimento maior do que a ponta, pois, na verdade, são do mesmo tamanho. A diferença está no fato de o espiral se encontrar no passado em relação à singularidade.

E ainda temos algo mais pra dizer sobre o tempo. A única coisa que separa uma pessoa que toma uma atitude insensata de outra, sábia e prevenida, é o tempo. Quem é sábio e, hoje, se previne é porque já errou em outro tempo, tal qual esses que, hoje, estão equivocados. Quando julgamos os outros é como se estivéssemos julgando nosso próprio passado e futuro. O que separa o acerto do erro não é nada senão o tempo.

Só o que separa aquilo que nos parece vivo daquilo que nos parece inanimado é nossa escala de percepção do tempo. O "tempo", em si, é uma criatura viva.

Parte III
Hoje

But you and I we've been through that, and this is not our fate.
So, let us not talk falsely now, the hour is getting late.

Bob Dylan – "All Along the Watchtower".

Mas você e eu já passamos por tudo aquilo, e esse não é o nosso destino.

Então não falemos falsamente agora, está ficando tarde.

Bob Dylan – "All Along the Watchtower".

Capítulo Dez
Agora

As primeiras culturas a habitarem cidades, produzirem cerâmicas, cobre, latão e bronze, e se debruçarem sobre as atividades agropecuaristas abrangem mais de quatro milênios de história não escrita, isto é, de pré-história. Recompor este período é tarefa hercúlea e foge de nosso objetivo.

O que nós estamos vivendo com a atual revolução tecnológica, em suas múltiplas facetas e etapas, é relativamente análogo ao que aconteceu na antiga Mesopotâmia, entre os séculos XXXVI e XXX a.C., com a revolução da escrita e a instalação das primeiras *edubbas* (escola de escribas).

Alguns diriam que os ditos a seguir datam do mais recente tempo. Pensem novamente: em qual, ou em quais momentos históricos eles se encaixariam?

"Com quem posso falar hoje? Com os irmãos é mau, os amigos de hoje não amam.

Com quem posso falar hoje? Com os corações é ambicioso, cada homem apropria-se dos assuntos do seu igual.

Com quem posso falar hoje? A piedade pereceu, a violência tomou conta de toda a gente.

Com quem posso falar hoje? Um está satisfeito com o mal, e por todo o lado o bem foi atirado ao chão.

Com quem posso falar hoje? Aquele que enfurece um homem, com a sua má conduta, escarnece de toda a gente com o seu mau comportamento.

Com quem posso falar hoje? Eles pilham, cada homem rouba o seu igual.

Com quem posso falar hoje? O passado não é lembrado, ninguém ajuda aquele que antes o ajudou.

Com quem posso falar hoje? Os rostos estão inexpressivos, cada homem está cabisbaixo em relação aos seus irmãos.

Com quem posso falar hoje? Os corações são ávidos, não há nenhum coração humano que seja de confiança.

Com quem posso falar hoje? Não há homens justos, a terra foi abandonada aos malfeitores.

Com quem posso falar hoje? Falta um amigo íntimo, regressam como desconhecidos para se lamentar.

Com quem posso falar hoje? Não há ninguém que esteja satisfeito, aquele com quem se caminhava não existe mais.

Com quem posso falar hoje? Estou sobrecarregado pela miséria, por falta de um amigo íntimo.

Com quem posso falar hoje? Deambular errático pela terra; não há fim para isso."

Mais de 220 gerações humanas e nada parece ter mudado, nesse sentido. Esses ditos foram escritos durante o século XXI a.C. no Egito antigo, época do primeiro período intermediário de invasão estrangeira. O eu lírico lamenta os homens de seu tempo, relembrando as glórias que lhe parecem ter sido os homens de outrora, provavelmente referindo-se aos estudos herméticos e hermenêuticos.

Vejamos, pois, Tot, a divindade humana da escrita, da ciência e da magia, que fundou a primeira escola de escribas do Egito, por volta de meados do século XXVIII a.C., isto é, mais de 4.700 anos atrás (talvez os chineses estejam no ano correto – ano da ciência, escrita e magia, o ano 4.721). Entre seus discípulos, encontramos Imohtep, o vizir (conselheiro) do faraó Djoser, aquele que projetou o empilhamento de algumas mastabas; criando, assim, as primeiras pirâmides do Egito durante o império antigo. Nessa mesma escola, durante a quinta dinastia, formar-se-iam homens como Ptahhotep. De lá para cá, as últimas duzentas gerações diriam praticamente a mesma coisa sobre como, no seu tempo de jovialidade, a civilização era boa e a humanidade, doce, e, de repente, em algum momento durante a vida adulta, tudo se perdeu e só restaram o saudosismo e o reclamatório. Será que não é hora de virarmos esse disco? Fazermos algo diferente? Por Tot, aquele que os gregos chamaram Hermes e os romanos, Mercúrio, aquele que trouxe o fogo dos céus para a humanidade, aquele que sobrevoa mais perto da luz solar.

Capítulo Onze
Carta de dedicatória

Queria mandar uma mensagem pro filósofo Michael Sugrue, pensei em mandar um e-mail para o físico Sean Carroll. Gostaria de agradecer a Lee Smolin, mandar um salve para Leonard Susskind e Juan Maldacena pelo ER = EPR, os teóricos das teorias de cordas, supercordas e suas dimensões extras. Queria, também, agradecer aos pesquisadores de gravidade quântica em *loop*, com o seu presenteísmo mais radical; afinal, só vivemos, mesmo, no momento presente, então devemos focar nele — o que não significa que o passado e o futuro não existam.

O que não é tradição é plágio, costumava dizer, em seus programas, Antônio Abujamra.

Tentamos ler e comentar coisas escritas por aqueles que lograram iluminar cantos que, a nós, ainda permanecem obscurecidos.

Gosto do cheiro da chuva, é bom. Não é cheiro de poeira nem de água, é um cheiro que emerge da relação da chuva com a terra.

Tal qual Eduardo Marinho, não queremos "vencer na vida, apenas viver em paz". A gaiola é bonita, segura, mas voar é preciso.

Quando ouço Pondé falando de Spinoza, eu concordo com Spinoza.

Como os estudantes da Nova Zelândia, aceitem esse haka que fizemos em vossa homenagem.

Capítulo Doze
Torre de papel

Mudamos Deus de endereço, o despejamos da rua da Benção e da Misericórdia para a avenida do Dinheiro e do Estado.

Que os valores da sociedade pós-moderna do século XXI são o lucro e o patrimônio em detrimento dos seres humanos e da natureza, todos já estamos cansados de saber. Nos questionamos, porém, até quando havemos de tolerar tamanha inversão. Como devemos proceder para mudar esse paradigma? Talvez um sistema que incentive as pessoas a serem mais humanas em vez de de incentivar a selvageria econômico-financeira não seja de todo má ideia. As ferramentas e os recursos para tanto já estão disponíveis.

A natureza humana é plástica, elástica, molda e é moldada a partir da cultura na qual está inserida. Qual a diferença entre um desconhecido e um familiar? Nenhuma, apenas ainda não fomos apresentados. Quando as pessoas puderem confiar umas nas outras, nem mesmo a burocracia será mais necessária.

Quantas vezes será que ainda teremos de repetir as palavras de George Orwell: "Todos são iguais, mas uns são mais iguais que os outros"?!

Enfim... o que devo fazer com essa torre de papel amassado?

Dá-la-ei a vós. O correto seria "dar-vos-ei", mas prefiro do meu jeito.

É só uma enorme pilha de papel amarrotado. Perdão, foi o melhor que pudemos lograr fazer.

Esta obra foi composta em Minion Pro 11,5 pt e impressa em
papel Polen Natural 80 g/m² pela gráfica Meta.